GU Kompaß

Insekten

Die bekanntesten und interessantesten Insekten bestimmen – leicht gemacht

Roland Gerstmeier

GU GRÄFE UND UNZER

Lieber Naturfreund

Insekten bilden die artenreichste Klasse im Tierreich: Weltweit sind etwa 1 Million Arten bereits bekannt und beschrieben, viele Wissenschaftler rechnen aber in tropischen Regionen noch mit 10–30 Millionen neu zu entdeckenden Gliederfüßern (*Arthropoda*). Dieser Artenreichtum liegt in einer etwa 350 Millionen Jahre dauernden Evolution begründet, die bis heute noch nicht abgeschlossen ist. Die enorme Vielfalt macht die Auswahl für einen »kleinen« Insekten-Führer nicht leicht, gibt es doch schon in Mitteleuropa rund 40 000 Arten.
Der neue *GU Kompaß Insekten* stellt 72 Arten mit eindrucksvollen, in der Natur aufgenommenen Farbfotos vor. Es wurden sowohl häufige und bekannte, als auch seltenere und eher »ungewöhnliche« Arten ausgewählt. Kurze, leicht verständliche Beschreibungstexte informieren über die wichtigsten **Kennzeichen**, den **Lebensraum** und die **Lebensweise**. Viele der auffälligen Arten lassen sich damit gut bestimmen; berücksichtigt werden muß allerdings, daß es oft ähnliche Arten gibt, die von einem Kenner nur mit sehr viel Erfahrung unter Zuhilfenahme von Spezialliteratur bestimmbar sind. Das Stichwort **Interessantes** zeigt Besonderheiten zur Biologie und Ökologie der Arten auf. Vor allem hier findet der interessierte Leser Anregungen zur näheren Beschäftigung mit dieser faszinierenden Tiergruppe.
Die vorgestellten Insekten sind nach Farbgruppen geordnet und mit entsprechenden Kennstreifen versehen:

- Urinsekten
- Hemimetabola
- Käfer
- Weitere Holometabola

Die »Kleine Insektenkunde« (Seite 77) sowie das eingangs stehende Zeichnungs-Tableau zur Insektenbiologie runden die in den Steckbriefen gegebenen Informationen ab.
Der neue *GU Kompaß Insekten* paßt in jede Hemd- und Jackentasche und eignet sich somit ideal als Begleiter auf Spaziergängen und Natur-Exkursionen.

Viel Freude beim Kennenlernen und Bestimmen von Insekten wünschen Autor und GU Naturbuch-Redaktion.

Springschwanz

Wissenschaftlicher Name: *Collembola*
Ordnung: Springschwänze
Kennzeichen: 0,25–10 mm; meist 12 mm. Es gibt langgestreckte, deutlich segmentierte Arten und fast kugelförmige Tiere (Kugelspringer). Das charakteristische Merkmal ist ihre Sprunggabel, die in Ruhestellung unter den Körper geklappt wird.
Lebensraum: Springschwänze besiedeln nahezu alle Lebensräume, vom Gletscher, über Wälder bis zur Wasseroberfläche. Sie kommen besonders zahlreich in den oberen Humusschichten vor (in 1 m^2 bis zu 400 000 Tiere).
Lebensweise: Die Tiere ernähren sich vor allem von zerfallenden pflanzlichen Stoffen und spielen auf diese Weise bei der Humusbildung eine sehr wichtige Rolle.
Interessantes: Die Sprunggabel dient als Fluchthilfe. Durch Muskelkontraktion wird sie nach hinten in die Strecklage geschlagen, was die Tiere einige Zentimeter weit vorwärtstreibt. Den in tieferen Humusschichten lebenden Springschwänzen fehlt allerdings die Sprunggabel.

Silberfischchen

Wissenschaftlicher Name: *Lepisma saccharina*
Ordnung: Fischchen
Kennzeichen: 7–11 mm. Körper silbrig beschuppt; mit langen Fühlern und drei Schwanzanhängen.
Lebensraum: Die wärmeliebende Art kommt bevorzugt in Häusern vor; weltweit verbreitet.
Lebensweise: Der Allesfresser ernährt sich von allen möglichen organischen Stoffen. Da Silberfischchen oft an süßen Stoffen (z. B. Zucker) fressen, werden sie auch »Zuckergast« genannt.

Interessantes: Silberfischchen können einige Jahre leben. Ihr eigenartiges Paarungsverhalten ist aufgrund ihrer nächtlichen Lebensweise erst seit kurzem bekannt geworden. Unter einigen, schräg von einer Wand zum Boden laufenden Spinnfäden befestigt das Männchen am Boden ein Samenpaket. Das Weibchen schlüpft unter den Schrägfaden, findet das Samenpaket, betastet es mit dem angehobenen Hinterleib und nimmt es in die Geschlechtsöffnung auf. Es handelt sich also um eine indirekte Samenübertragung.

Eintagsfliege

Wissenschaftlicher Name: *Ecdyonurus* sp.
Ordnung: Eintagsfliegen
Kennzeichen: 10–18 mm. Hinteres Flügelpaar viel kleiner als die Vorderflügel. Ende des Hinterleibes mit zwei langen Schwanzfäden. Hinterleib hell rotbraun.
Lebensraum: In der Nähe von Fließgewässern (Bächen).
Lebensweise: Das Vollinsekt (*Imago*) besitzt verkümmerte Mundwerkzeuge und kann keine Nahrung aufnehmen. Es lebt meist nur einige Stunden bis wenige Tage. Die Larvenzeit dauert bei den meisten einheimischen Arten etwa ein Jahr.
Interessantes: Die Eiablage erfolgt im Flug über Wasser oder durch Tupfen auf die Wasseroberfläche. Die strömungsliebenden Larven sind durch ihre flache Körperform gut an das Leben im Wasser angepaßt. Sie atmen mit blattartigen Tracheenkiemen, die seitlich am Hinterleib sitzen und weiden auf Steinen den Pflanzenaufwuchs ab. Aus dem letzten Larvenstadium schlüpft ein vollgeflügeltes Insekt, das sich an Land zur flugfähigen Form häutet.

Hufeisen-Azurjungfer

Wissenschaftlicher Name: *Coenagrion puella*
Ordnung: Libellen
Kennzeichen: Länge 35 mm, Flügelspannweite ca. 45–50 mm. Männchen hellblau, mit einer schwarzen, hufeisenförmigen Zeichnung auf dem 2. Hinterleibssegment. Weibchen meist grünlich, mit oben fast durchgehend schwarzem Hinterleib.
Lebensraum: Eine unserer häufigsten Kleinlibellen, die kleinere stehende oder langsam fließende Gewässer bevorzugt.
Lebensweise: Paarung und Eiablage erfolgen auf verschiedensten Wasserpflanzen, die bis zur Wasseroberfläche reichen. Oft findet man viele »Paarungsräder« gleichzeitig bei der Eiablage. Die Eier entwickeln sich innerhalb von 2–5 Wochen, die Larven überwintern. Ab Anfang Mai bis Ende August schlüpfen die Imagines.
Interessantes: Bei der Eiablage verankert sich das Männchen mit den Hinterleibsanhängen an der Vorderbrust des Weibchens und steht steif und aufrecht, mit angezogenen Beinen über der Partnerin.

Gebänderte Prachtlibelle

Wissenschaftlicher Name: *Calopteryx splendens*
Ordnung: Libellen
Kennzeichen: Länge 50 mm, Flügelspannweite 70 mm. Das Männchen ist durch die schwarzblaue Binde unverwechselbar; das Weibchen besitzt einheitlich grün getönte Flügel. Bei der sehr ähnlichen Blauflügel-Prachtlibelle (*Calopteryx virgo*) sind die Flügel der Männchen einheitlich blauschwarz.
Lebensraum: Vor allem langsam fließende Bäche und Flüsse, besonders solche mit sandigem Untergrund.
Lebensweise: Die Männchen besetzen nicht ganz 3 m^2 große Reviere, die sie gegen Artgenossen verteidigen. Taucht ein Weibchen auf, zeigt der Revierinhaber ein typisches Balzverhalten: In einer Art Stehflug vollführen seine Flügel schraubenförmige Bewegungen.
Interessantes: Nach der Begattung trennt sich das Paar und das Männchen zeigt dem Weibchen die Eiablagestelle. Auf diesen Wasserpflanzen lassen sich die Weibchen nieder und stechen die Eier in schwimmende Pflanzenteile ein.

Blaugrüne Mosaikjungfer

Wissenschaftlicher Name: *Aeshna cyanea*
Ordnung: Libellen
Kennzeichen: Länge bis 80 mm, Flügelspannweite bis 110 mm. Leuchtend blau und grün gefärbt, mit schwarzer Zeichnung. Schwarzer T-förmiger Fleck auf der Stirn.
Lebensraum: Als anspruchslose Art gibt es kaum ein Gewässer, in dem die Blaugrüne Mosaikjungfer nicht wohnt.
Lebensweise: Wird ein Gartenteich angelegt, so dauert es meist nicht lange bis die erste Blaugrüne Mosaikjungfer erscheint. Die Eier werden in lebendes oder totes Pflanzengewebe abgelegt und überwintern. Die Larven benötigen meist zwei Jahre zur Entwicklung. Sie ernähren sich von Wasserflöhen, Stechmücken- und Eintagsfliegen-Larven sowie von Fischbrut. Ein wirtschaftlicher Schaden entsteht dadurch allerdings nicht.
Interessantes: Die Imagines kann man oft weitab ihrer eigentlicher Wohngewässer beobachten, wo sie Jagd auf andere fliegende Insekten machen. Die Männchen patroullieren oft mehrere Kleingewässer in der Umgebung ab.

Südlicher Blaupfeil

Wissenschaftlicher Name: *Orthetrum brunneum*
Ordnung: Libellen
Kennzeichen: Länge 45 mm, Spannweite 70 mm. Brust und Hinterleib der Männchen sind blau; die Weibchen wirken grau bis schmutzig braun, ihre Stirn ist weiß.
Lebensraum: Stehende und langsam fließende Gewässer mit wenig Ufervegetation, insbesondere Sand und Kiesgruben. Bei uns nur in Süddeutschland.
Lebensweise: Die Flugzeit dauert von Juni bis August. Das fliegende Weibchen wird in einem Flugkampf ergriffen und das in der Luft gebildete Paarungsrad setzt sich kurz zur Kopulation an Zweigen ab. Kurz darauf legt das Weibchen die Eier ins freie Wasser über algenbewachsenem, sandigem Grund ab, stets von dem darüberfliegenden Männchen bewacht.
Interessantes: Die Reviere der Männchen entlang von Bachufern sind 25–50 m lang und werden fast drei Wochen lang besetzt gehalten. Die Larvenentwicklung (die Larve ist vollkommen im Sand eingegraben) dauert zwei bis drei Jahre.

Steinfliege

Wissenschaftlicher Name: *Perla maxima*
Ordnung: Steinfliegen
Kennzeichen: Körperlänge bis etwa 30 mm. Zwei Paar häutige Flügel, die in Ruhestellung flach über dem Hinterleib abgelegt werden. Der Hinterleib am Ende mit zwei Anhängen. Lange, fadenförmige Fühler.
Lebensraum: Die Larven leben in fließenden Gewässern, die vollentwickelten Insekten (*Imagines*) bleiben in Gewässernähe.
Lebensweise: Die Imagines sind keine besonders guten Flieger, bei Störungen laufen sie eher davon, als schwerfällig flatternd wegzufliegen. Bei der Begattung sitzt das Männchen neben dem Weibchen. Zur Eiablage taucht das Weibchen seinen Hinterleib ins Wasser. Die Larven sind gefräßige Räuber wirbelloser Wassertiere. Die Entwicklung dauert drei Jahre.
Interessantes: Die Larven bevorzugen schnellfließende, sauerstoffreiche Gewässer und reagieren gegen Verschmutzungen sehr empfindlich. Es sind daher Indikatoren für die Wasserqualität.

Amerikanische Großschabe

Wissenschaftlicher Name: *Periplaneta americana*
Ordnung: Schaben
Kennzeichen: 20–40 mm. Flügeldecken länger als der Hinterleib, einfarbig rotbraun. Kräftige, lange und bewehrte Beine, großer Halsschild.
Lebensraum: Eine aus den Tropen eingeschleppte Art, die bei uns nur in warmen Gebäuden auftritt.
Lebensweise: Die Eier werden in Form einer typischen Eikapsel (*Oothek*) abgelegt und in Ritzen u. ä. versteckt. Dieser Eikokon springt vor dem Schlüpfen der Larven entlang einer länglichen Rückennaht auf. Bei 9–13 Larvenstadien dauert die Entwicklung über ein Jahr.
Interessantes: Küchenschaben sind Allesfresser, die primär aber nicht wegen ihrer Fraßschäden bekämpft werden, sondern weil sie Lebensmittel verschmutzen und gefährliche Krankheitserreger übertragen. Trotz massiver Bekämpfung können sich die Tiere nach wie vor gut halten und auch noch erfolgreich fortpflanzen. Möglicherweise sind Klebefallen eine gute Gegenmaßnahme.

Gemeiner Ohrwurm

Wissenschaftlicher Name: *Forficula auricularia*
Ordnung: Ohrwürmer
Kennzeichen: 10–20 mm. Flügeldecken reduziert, einfarbig; Hinterleib mit zangenförmig gebogenen Schwanzanhängen (*Cerci*).
Lebensraum: Die nachtaktiven Ohrwürmer sind Bodenbewohner, die sich tagsüber unter Steinen, Laub und Holzstücken verbergen, auch in Häusern (Keller, Blumentöpfe).
Lebensweise: Ohrwürmer sind Allesfresser, die sich von pflanzlicher und tierischer Kost ernähren.

Interessantes: Bemerkenswert ist die Brutfürsorge und Brutpflege des Weibchens. Nach der Eiablage von 20–50 Eiern in den Boden, bewacht sie diese und verteidigt sie gegen Feinde. Ein regelmäßiges Wenden und Belecken verhindert Verpilzung und Austrocknung. Auch nach dem Schlüpfen der Larven, kümmert sich die Mutter noch um ihren Nachwuchs. Nach der zweiten Larvenhäutung gehen die Larven auf Nahrungssuche. Oft stirbt das Weibchen in der Bruthöhle und wird von den Larven verzehrt.

Wissenschaftlicher Name: *Mantis religiosa*
Ordnung: Fangschrecken
Kennzeichen: 40–75 mm. Auffallend ist der verlängerte Hals und die Umbildung der Vorderbeine zu Fangbeinen. Es gibt braune und grüne Individuen.
Lebensraum: Trockenwarme Biotope, meist Südhänge. Bevorzugt geschlossene Grasflächen.
Lebensweise: Gottesanbeterinnen sitzen gut getarnt in der Vegetation und lauern auf vorbeikommende Insekten, die Fangbeine wie »zum Gebet« gehalten. Die 100–300 Eier werden in zylindrischen Kokons meist unter Steinen abgelegt. In diesen Kokons sind die Eier gegen mechanische Einwirkung, Feinde und vor allem Witterungseinflüsse geschützt. Die vielen kleinen Luftkammern in den Wänden bilden eine hervorragende Isolation gegen Wärme, Kälte und Feuchtigkeit.
Interessantes: Die Tiere können gut fliegen und sind nachts sogar in der Lage, auf Ultraschall-Laute jagender Fledermäuse mit Richtungsänderungen zu reagieren.

Maulwurfsgrille

Wissenschaftlicher Name: *Gryllotalpa gryllotalpa*
Ordnung: Langfühlerschrecken
Kennzeichen: 35 – 50 mm. Gelblich bis braun gefärbt, fein behaart; Fühler kurz, kräftiges Halsschild; Vorderbeine zu breiten Grabschaufeln umgebildet.
Lebensraum: Schuttflächen und Gärten mit lockeren Böden, wo die Tiere ihre unterirdischen Gänge graben können.
Lebensweise: Ernährt sich überwiegend von Insekten und anderen kleinen Bodentieren; nur zum Teil werden Wurzeln abgenagt oder Jungpflanzen durch Unterwühlen geschädigt. Die Fortpflanzung findet im Sommer in den Gängen statt. Nach einem Balzgesang des Männchens (der im Sommer als feines Zirpen zu hören ist) steigt das Weibchen zur Kopulation auf das Männchen.
Interessantes: Für die Eiablage fertigt die Maulwurfsgrille eine besondere Höhle in etwa 8 cm Tiefe an. Die Wände dieser im Durchmesser 5 – 10 cm großen Brutkammer werden festgedrückt; in ihr werden die 200 – 500 Eier abgelegt. Die Junglarven schlüpfen nach ungefähr drei Wochen.

Grünes Heupferd

Wissenschaftlicher Name: *Tettigonia viridissima*
Ordnung: Langfühlerschrecken
Kennzeichen: 28 – 42 mm. Leuchtend grün, am Rücken oft braun gefärbt. Die Legeröhre des Weibchens reicht etwa bis zur Spitze der langen Flügel.
Lebensraum: Auf Kulturflächen, in Gärten und Getreidefeldern, auch in Siedlungen, an sonnigen Wegrändern.
Lebensweise: Die Nahrung besteht überwiegend aus Insekten (Fliegen, Raupen, Schmetterlinge); die Junglarven fressen gerne Blattläuse, sind also sehr nützliche Gartenbewohner. Nach der Paarung legt das Weibchen mit dem langen Legesäbel bis etwa 100 Eier in den Boden.
Interessantes: Das Grüne Heupferd ist tag- und nachtaktiv und singt von Mittag bis Mitternacht. Die Lauterzeugung erfolgt durch Übereinanderreiben der Vorderflügel; der linke Vorderflügel liegt dabei oben. An seiner Unterseite befindet sich die Schrilleiste, die über die Schrillkante des rechten Flügels streicht. Die spaltförmigen Hörorgane sitzen in den Schienen der Vorderbeine.

Sumpfgrashüpfer

Wissenschaftlicher Name: *Chorthippus montanus*
Ordnung: Kurzfühlerschrecken
Kennzeichen: 13–21 mm. Der Sumpfgrashüpfer ist vom Gemeinen Grashüpfer (*Ch. biguttulus*) nur sehr schwer anhand von bestimmten Flügelmerkmalen zu unterscheiden. Bei diesen beiden Arten sind die Flügel verkürzt.
Lebensraum: Nasse, sumpfige Wiesen und Schwingrasen.
Lebensweise: Da die Art in feuchten Biotopen vorkommt, werden die Eier nicht in den Boden, sondern als Eipakete dicht darüber in der Vegetationsschicht abgelegt. Wie alle Kurzfühlerschrecken ernähren sich die Tiere von Pflanzen.
Interessantes: Der Sumpfgrashüpfer ist wesentlich seltener als der Gemeine Grashüpfer, der im Grasland zu den häufigsten einheimischen Heuschrecken gehört. Auf feuchten Wiesen können beide Arten vorkommen. Zur äußeren Ähnlichkeit kommt hinzu, daß sich auch die Gesänge der Männchen sehr gleichen, allerdings sind die Weibchen sehr wohl in der Lage, die Unterschiede zu erkennen. Eine Art-Vermischung gibt es nicht.

Rotflügelige Ödlandschrecke

Wissenschaftlicher Name: *Oedipoda germanica*
Ordnung: Kurzfühlerschrecken
Kennzeichen: 17–28 mm. Je nach Untergrund sind die Vorderflügel hellgrau bis dunkelbraun oder schwärzlich gefärbt. Die Hinterflügel sind leuchtend rot, der Außenrand ist breit schwarzbraun gesäumt.
Lebensraum: Die wärme- und trockenheitsliebenden Tiere leben nur an ganz vegetationsarmen, steinigen oder felsigen Stellen mit sandigem Untergrund, meist auf Südhängen, auch in alten Kiesgruben.
Lebensweise: Die Nahrung besteht zum größten Teil aus Wildgräsern. Die Fortpflanzung findet den ganzen Sommer über statt; die Eier werden im Boden abgelegt. Die Junglarven schlüpfen im nächsten Frühsommer.
Interessantes: Die sehr ähnliche Blauflügelige Ödlandschrecke (*Oedipoda caerulescens*) erkennt man an den leuchtend hellblauen, breiten Flecken in den Hinterflügeln. Beide Arten sind geschützt, die Rotflügelige Ödlandschrecke ist bei uns vom Aussterben bedroht.

Wissenschaftlicher Name: *Psocoptera*
Ordnung: Staubläuse
Kennzeichen: 1–5 mm. Weichhäutige, meist unscheinbare, gelb oder bräunlich gefärbte Landinsekten. Großer Kopf mit langen Fühlern; manche Arten mit durchsichtigen Flügeln.
Lebensraum: Im Freien vor allem an und unter Baumrinde, in Vogelnestern und Ameisenhaufen; einige Arten in Häusern (in Vorräten, Papier etc.).
Lebensweise: Staubläuse ernähren sich von Algen, Pilzen und Flechten. In Häusern weiden sie die Schimmelpilz-Rasen ab, gehen aber auch an die verschiedensten organischen Stoffe (u.a. Insektensammlungen). Allerdings sind sie selten wirklich schädlich.
Interessantes: Zur Fortpflanzung sucht das Männchen aufgeregt ein Weibchen, »tanzt« vor diesem mit zugewandtem Kopf und hinten erhobenen Körper. Bleibt das Weibchen stehen, dreht sich das Männchen um und schiebt sich rückwärts zur Kopulation unter das Weibchen. Einige Arten überspinnen ihr Eigelege mit einem Schutzgespinst.

Menschenlaus

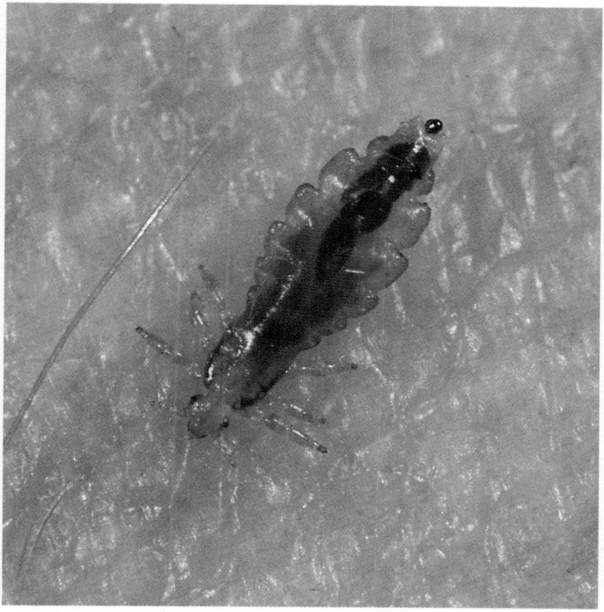

Wissenschaftlicher Name: *Pediculus humanus*
Ordnung: Echte Läuse
Kennzeichen: 2,5–4 mm. Körper länglich gestreckt. Kopf mit stechend-saugenden Mundwerkzeugen. Kurze, schwach klammerförmige Beine mit einklappbarer Klaue.
Lebensraum: Alle Echten Läuse sind blutsaugende Außenparasiten bei Mensch und Säugetieren.
Lebensweise: Die beiden Menschenlaus-Rassen unterscheidet man vor allem an ihrem bevorzugten Aufenthaltsort: Die Kleiderlaus (*P. humanus humanus*) lebt hauptsächlich an der Körperbehaarung und der Kleidung; die Kopflaus (*P. humanus capitis*) findet sich vor allem am Kopfhaar, wo sie ihre Eier (Nissen) an Haare klebt oder einfach nur lose ablegt.
Interessantes: Die Stiche verursachen juckende Quaddeln, die zu heftigem Kratzen veranlassen. Dabei können über Läusekot und zerquetschte Tiere Krankheitserreger in die Hautwunden gelangen, die für gefährliche Krankheiten wie Fleck- und Rückfallfieber verantwortlich sind.

Wissenschaftlicher Name: *Graphosoma lineatum*
Ordnung: Wanzen
Kennzeichen: 8–12 mm. Durch die rotschwarze Längsstreifung bei uns unverwechselbar. Im Süden kommt die sehr ähnliche Italienische Streifenwanze (*G. italicum*) vor.
Lebensraum: Vor allem auf Doldenblütlern an warmen Stellen wie Südhängen, Wiesen und Böschungen.
Lebensweise: Die Streifenwanze saugt mit ihren stechend-saugenden Mundwerkzeugen Pflanzensäfte, ernährt sich gelegentlich aber auch räuberisch. Streifenwanzen haben ein ausgeprägtes Paarungsverhalten. Nach der Begattung trennen sich die Paare und die Weibchen legen die Eier in Form kleiner Pakete auf der Blattoberfläche ab. Die schlüpfenden Junglarven werden noch eine Weile von der Mutter bewacht.
Interessantes: Die Rot-Schwarzstreifung ist eine Warnfärbung und signalisiert den Feinden der Streifenwanze deren Giftigkeit. Die aus den Stinkdrüsen ausgeschiedenen Wehrsekrete machen den typischen Wanzengeruch aus.

Feuerwanze

Wissenschaftlicher Name: *Pyrrhocoris apterus*
Ordnung: Wanzen
Kennzeichen: 8–12 mm. Ovale, leuchtend schwarz-rot gezeichnete Art. Färbung und Zeichnung können etwas variieren. Die Flügeldecken sind verkürzt und lassen so das hintere Drittel des Hinterleibes frei.
Lebensraum: Häufig, in Parkanlagen, Kastanienalleen und unter Linden.
Lebensweise: Die Feuerwanzen leben sehr gesellig, saugen gerne an Lindensamen und gehen gelegentlich auch an tote Insekten. Der Zusammenhalt wird über Sexuallockstoffe (*Pheromone*) gefördert. Vollentwickelte Insekten und Larven treten so in größeren Aggregationen auf.
Interessantes: Feuerwanzen überwintern als Imagines und beginnen im Frühjahr mit der Balz. Die Paarung kann viele Stunden dauern (bis zu 30); die gepaarten Männchen und Weibchen laufen mit voneinander abgewandten Köpfen umher. Anschließend gräbt das Weibchen mit den Beinen eine kleine Erdhöhle und legt dort die etwa 100 Eier ab.

Wissenschaftlicher Name: *Cercopis vulnerata*
Ordnung: Zikaden
Kennzeichen: 9–11 mm. Schwarz, mit roten Binden und Flecken; sehr schwierig von der zweiten Art *C. sanguinolenta* zu unterscheiden.
Lebensraum: *C. vulnerata* lebt vorwiegend im Gebirge auf sauren Böden. *C. sanguinolenta* kommt mehr in Niederungen auf kalkreichen Böden vor. Beide Arten sind häufig.
Lebensweise: Die Larven dieser beiden, zu den Schaumzikaden gehörenden Arten, leben etwa 10–15 cm tief unter der Erde an den Wurzeln krautiger Pflanzen, eingehüllt von einem Schaumnest. Imagines und Larven saugen Pflanzensäfte.
Interessantes: Der Schaum wird durch den flüssigen Kot der Larven gebildet. Er enthält Proteine und bestimmte Substanzen, die zusammen mit eingepumpten Luftbläschen diese Schaumhülle erzeugen. Die Atmung erfolgt über einen Luftkanal an der Unterseite des Hinterleibes. Zum Atmen wird der Hinterleib angehoben und aus der Schaumhülle herausgestreckt.

Wissenschaftlicher Name: *Aphis sp.*
Ordnung: Pflanzenläuse
Kennzeichen: Bis 7 mm. Es treten auch bei der gleichen Art meist geflügelte und ungeflügelte Formen auf. Die meisten Blattläuse besitzen am Hinterleib zwei verschließbare Spalten, die oft an der Spitze in röhrenförmige Gebilde, die sog. *Siphone* münden. In Mitteleuropa kommen über 850 Arten vor.
Lebensraum: Kultur- und Wildpflanzen.
Lebensweise: Blattläuse sitzen meist in großer Anzahl an ihren Wirtspflanzen, die sie mit ihren stechend-saugenden Mundwerkzeugen ansaugen. Geflügelte Stadien können kleinere Strecken fliegend zurücklegen. Bei vielen Blattläusen findet ein Wechsel zwischen parthenogenetischer (»Jungfernzeugung«) und zweigeschlechtlicher Fortpflanzung statt.
Interessantes: Über die Siphone wird Körperflüssigkeit ausgeschieden, die einem Angreifer Mundwerkzeuge und Sinnesorgane verschmiert. Sexuallockstoffe warnen zusätzlich die Artgenossen.

Feld-Sandlaufkäfer

Wissenschaftlicher Name: *Cicindela campestris*
Familie: Sandlaufkäfer
Kennzeichen: 10–15 mm. Großer Kopf mit großen Augen; lange spitze Oberkiefer. Meist leuchtend grün. Geschickter Läufer, der bei Gefahr überraschend schnell davonfliegt.
Lebensraum: Auf Wald und Wiesenwegen; sandige und steinige Böden.
Lebensweise: Tagaktive Art, die besonders bei Sonnenschein Jagd auf andere Insekten und Spinnen macht. Die Larven überwintern in senkrecht angelegten, verschlossenen Wohnröhren.
Interessantes: An der Öffnung der Wohnröhre lauern die Larven mit abgewinkeltem Kopf und Halsschild auf Beute. Zum Feststemmen in der Röhre dienen mit Haken bewehrte Zapfen auf dem Rücken des 5. Hinterleibsegmentes. Um freie Sicht zu haben, werden Steinchen aus der Wohnröhre durch Wegschleudern mit dem Kopf entfernt. Nähert sich ein Insekt, schnellt die Larve vor, packt die Beute und zieht sie in die Röhre, um sie auszusaugen.

Lederlaufkäfer

Wissenschaftlicher Name: *Carabus coriaceus*
Familie: Laufkäfer
Kennzeichen: 30 – 40 mm. Oberseite mattschwarz, mit lederartig gerunzelten Flügeldecken. Da die Hautflügel zurückgebildet sind, können diese Tiere nicht fliegen. Die Männchen erkennt man an den verbreiterten Fußgliedern der Vorderbeine. Unsere größte einheimische *Carabus*-Art.
Lebensraum: Hauptsächlich in Laub- und Mischwäldern, seltener in Gärten. Streift zum Teil weit umher.
Lebensweise: Die nachtaktiven Räuber jagen andere Insekten, Schnecken und Würmer und sind daher sehr nützlich. Tagsüber verstecken sie sich unter Steinen, liegenden Stämmen, Moos und Rinde.
Interessantes: Fängt man einen Laufkäfer, so wehrt sich das Tier durch Ausspritzen eines stinkenden Sekretes aus der Hinterleibsdrüse (kann bis zu 1 m weit gespritzt werden) und durch Erbrechen von Verdauungssäften. Mit den kräftigen Oberkiefern zwickt der Lederlaufkäfer auch ganz beachtlich. Er kann 2 – 3 Jahre alt werden.

Körniger Laufkäfer

Wissenschaftlicher Name: *Carabus granulatus*
Familie: Laufkäfer
Kennzeichen: 17–23 mm. Typische Laufkäfergestalt mit langen Beinen und langen, fadenförmigen Fühlern. Farblich recht variabel, von bronzefarben (auch rotkupferig) über grünlich bis schwarz glänzend. Flügeldecken mit Kettenstreifen.
Lebensraum: Kulturlandschaft, Felder, Wiesen, Wälder; von der Ebene bis in die alpine Zone. Einer unserer häufigsten Großlaufkäfer.
Lebensweise: Die Käfer überwintern und pflanzen sich im folgenden Jahr fort. Nach der Begattung legt das Weibchen etwa 40 Eier in eine flache Erdhöhle. Die Aktivitätsperiode dauert von April bis September.
Interessantes: Wie alle Großlaufkäfer ernährt sich auch der Körnige Laufkäfer räuberisch und wird besonders durch das Vertilgen von Kartoffelkäfern geschätzt. Neben Tieren mit verkümmerten Hautflügeln (Gebirgsformen) treten oft auch flugfähige Individuen mit vollständig entwickelten Hinterflügeln auf.

Wissenschaftlicher Name: *Platydracus fulvipes*
Familie: Kurzflügler
Kennzeichen: 14–17 mm. Schwarz; Kopf, Halsschild und Flügeldecken mit deutlichem grünblauem bis blauem Schimmer. Kopf trapezförmig, mit nach hinten mehr oder weniger stark erweiterten Schläfen. Fühlerbasis und Beine hellrot. 5. und 6. Segment des Hinterleibs oberseits an der Basis mit breiter goldgelber Haarbinde.
Lebensraum: In Waldgebieten auf feuchten Böden. Von Europa bis Sibirien verbreitet, bei uns besonders in gebirgigen Gegenden, allerdings nicht häufig.
Lebensweise: Die räuberischen Käfer halten sich oft in der Nähe von Gewässern (Fluß- und Seeufer, Sümpfe, Gräben) auf; unter Steinen, Laub und Moos.
Interessantes: Kurzflügelkäfer erkennt man meist leicht an den stark verkürzten Flügeldecken, die den größeren Teil des Hinterleibs freilassen. Bei den flugfähigen Arten sind die Hinterflügel kompliziert unter den Deckflügeln zusammengefaltet. Fast alle Arten besitzen am Hinterleib Wehrdrüsen.

Gelbrandkäfer

Wissenschaftlicher Name: *Dytiscus marginalis*
Familie: Schwimmkäfer
Kennzeichen: 27–35 mm. Alle Arten dieser Gattung sind durch einen deutlichen Geschlechtsdimorphismus (Zweigestaltigkeit) gekennzeichnet. Die Flügeldecken der Männchen sind glatt, ihre Vorderbeine besitzen runde Saugnäpfe; den Weibchen fehlen diese Saugnäpfe, ihre Flügeldecken sind meist tief gefurcht.
Lebensraum: In stehenden Gewässern mit Wasserpflanzen; vorwiegend in der Uferzone.
Lebensweise: Käfer und Larven ernähren sich räuberisch von Kaulquappen, Insektenlarven und Jungfischen. Die Eiablage in Pflanzengewebe findet im Frühjahr statt, indem die Eier einzeln mit dem Legebohrer in Stengel oder Blätter unter Wasser abgelegt werden.
Interessantes: Beim Tauchen nimmt der Gelbrandkäfer unter den Flügeldecken einen Luftvorrat mit, der pro Stunde 4–7 mal erneuert wird. Der gute Flieger sucht nachts neue Wohngewässer und landet dabei manchmal versehentlich auf spiegelnden Flächen (Glasdächer, nasse Straßen).

Viergefleckter Stutzkäfer

Wissenschaftlicher Name: *Hister quadrimaculatus*
Familie: Stutzkäfer
Kennzeichen: 7–11 mm. Gedrungener Käfer mit vier deutlichen roten Flecken auf den Flügeldecken, die meist außen miteinander verbunden sind. Die Flecken können in seltenen Fällen auch fehlen oder sind stark verdunkelt. Der Name »Stutzkäfer« kommt von den gerade abgestutzten Flügeldecken, welche das 6. und 7. Hinterleibssegment unbedeckt lassen.
Lebensraum: Hauptsächlich in Pferde- und Kuhmist, aber auch unter faulenden Pflanzenstoffen oder in Pilzen.
Lebensweise: Sowohl die Imagines als auch die Larven leben räuberisch, meist von Insektenlarven, die sie in den Dunghaufen aufspüren. Zum Teil fressen sie auch Aas. Die Eiablage erfolgt einzeln in den Boden. Die Käfer können 2–3 Jahre alt werden und sich mehrere Male fortpflanzen.
Interessantes: Bei Gefahr stellen sich die Käfer tot, indem sie den Kopf in einen Ausschnitt der Vorderbrust zurückziehen und die Beine dicht an den Körper pressen.

Gemeiner Totengräber

Wissenschaftlicher Name: *Necrophorus vespillo*
Familie: Aaskäfer
Kennzeichen: 12–22 mm. Von den gelbrot und schwarz gebänderten Totengräbern kommen in Mitteleuropa acht Arten vor. Beim Gemeinen Totengräber sind die drei Endglieder der Fühlerkeule gelbrot, die Hinterschienen deutlich nach innen gebogen und der Halsschild vorne lang gelb behaart.
Lebensraum: In Gärten und Parks; häufig.
Lebensweise: Die Totengräber betreiben eine sehr hoch entwickelte Brutpflege. Das Aas wird über den Geruchssinn gefunden und durch Unterwühlen sowie Hineinpressen in einen schräg in die Erde führenden Gang vergraben. Die Eiablage erfolgt in einem nahegelegenen Gang. Die Junglarven wandern zum Aas und werden zuerst vom Weibchen gefüttert; dann beginnen sie selbst vom Aas zu fressen.
Interessantes: Männchen und Weibchen können zirpen und sich auf diese Weise untereinander verständigen. Das Zirpen dient auch den Junglarven zur Orientierung.

Hirschkäfer

Wissenschaftlicher Name: *Lucanus cervus*
Familie: Hirschkäfer
Kennzeichen: 25–75 mm. Unsere größte einheimische Käferart. Die Männchen sind größer als die Weibchen und haben große, geweihartig verlängerte Oberkiefer (*Mandibel*); die Weibchen besitzen normale Oberkiefer.
Lebensraum: Früher in Laub-, vor allem Eichenwäldern, weit verbreitet, heute durch Fehlen urwüchsiger Baumbestände selten geworden.
Lebensweise: Die Käfer lecken den Saft wunder Baumstämme auf. Ihre Larven leben in abgestorbenem Holz von Wurzelstöcken und morschen Stümpfen u. a. von Eichen, Buchen.
Interessantes: Oft landen zwei oder mehr Männchen bei einem Weibchen, was zu Rivalenkämpfen der Männchen führt. Sie gehen aufeinander los, versuchen sich mit den Geweihen zu packen und wegzuhebeln. Ziel ist es, den oder die Gegner vom Baumstamm zu stoßen. Bei der Paarung stellt sich das Männchen über das Weibchen; beide harren in dieser Stellung mehrere Tage aus.

Wissenschaftlicher Name: *Pentodon bidens*
Familie: Blatthornkäfer
Kennzeichen: 18 – 25 mm. Gedrungene Gestalt, Schienen der Vorderbeine mit drei Zähnen. Oberlippe mit zwei getrennten, kleinen Höckern. Halsschild und Flügeldecken stark punktiert.
Lebensraum: Der Käfer hält sich bevorzugt in Graslandschaften und Feldern auf. Eine südeuropäische Art, die in Südtirol ihre nördliche Verbreitungsgrenze erreicht.
Lebensweise: Die engerlingsähnlichen Larven ernähren sich von Graswurzeln. Der Käfer schlüpft im Herbst, überwintert im Boden und taucht im nächsten Frühjahr April/Mai auf.
Interessantes: Neben dem Nashornkäfer und dem in der Slowakei und Niederösterreich vorkommenden *Pentodon idiota* ein Vertreter der Riesenkäfer (*Dynastinae*), die vor allem in den Tropen mit sehr großen Arten vertreten sind (z.B. Herkuleskäfer, mit über 15 cm Körpergröße). Viele Arten können mit ihrem Hinterleibsende gut hörbare Zirptöne (*Stridulationsorgane*) von sich geben.

Junikäfer

Wissenschaftlicher Name: *Amphimallon solstitiale*
Familie: Blatthornkäfer
Kennzeichen: 14–18 mm. Maikäferähnlich, aber kleiner; der Fächer der 9gliedrigen Fühler besteht aus nur drei Gliedern. Die Flügeldeckenränder sind behaart.
Lebensraum: In Parkanlagen, baumbestandenem Gelände und Gärten weit verbreitet; fehlt nur im hohen Norden.
Lebensweise: Der Junikäfer ist ein Dämmerungsflieger. Die Weibchen legen etwa 35 Eier in lockeren Boden. Die Entwicklungsdauer beträgt 2–3 Jahre, d. h. die Larven überwintern zweimal. Im Frühjahr verpuppen sie sich im Boden, die Käfer schlüpfen im Juni und Juli. Sie fressen Blätter verschiedener Laubbäume und Büsche. Die engerlingsartigen Larven ernähren sich von Wurzeln verschiedener Feld- und Wiesenpflanzen.
Interessantes: Wie für viele Maikäferverwandte ist die sehr kurze Flugzeit charakteristisch: Die Junikäfer schwärmen nur an sehr wenigen warmen Frühsommerabenden; daher auch die Bezeichnung »Sonnwendkäfer«.

Maikäfer, Feldmaikäfer

Wissenschaftlicher Name: *Melolontha melolontha*
Familie: Blatthornkäfer
Kennzeichen: 20–30 mm. Kopf und Halsschild schwarz, die Flügeldecken meist rotbraun. Die Unterseite des Hinterleibs mit auffälligen, weißen Keilen auf schwarzem Grund. Der Fühlerfächer besteht beim Männchen aus 7, beim Weibchen aus 6 Lamellen.
Lebensraum: Gärten, Wiesen und Kulturland, an den Rändern von Laubwäldern.
Lebensweise: Im späten Frühjahr schwärmen die Käfer in der Abenddämmerung. Als Fraßbäume werden verschiedene Laubbäume (v. a. Eiche) bevorzugt. Nach der Begattung gräbt sich das Weibchen zur Eiablage etwa 40 cm tief in lockeren Boden ein und legt Eihaufen von 10–30 Eiern ab. Die nach 4–6 Wochen schlüpfenden Engerlinge fressen zunächst feinste Wurzeln und überwintern dicht unter der Frostschicht. Die Verpuppung erfolgt meist im 4. Freßsommer.
Interessantes: Durch massive Bekämpfung ging der Bestand des Maikäfers stark zurück, nahm jedoch in den letzten Jahren wieder lokal zu.

Gartenlaubkäfer

Wissenschaftlicher Name: *Phyllopertha horticola*
Familie: Blatthornkäfer
Kennzeichen: 8,5 – 11 mm. Kopf, Halsschild, Hinterleib und Beine glänzend metallisch dunkelgrün; Körper lang und abstehend behaart.
Lebensraum: In offenem Gelände, Hecken, Obstgärten und an Waldrändern; überall häufig.
Lebensweise: Die Larve schlüpft im Herbst, verpuppt sich im Frühjahr und im Juni graben sich die Käfer aus. Die Engerlinge fressen an Wurzeln von Gräsern und krautigen Pflanzen, verursachen aber keine Schäden. Ihre Entwicklung dauert im Durchschnitt zwei Jahre. Die Käfer fressen Blätter und Blüten von Eichen, Haseln, Birken, werden aber nur bei Massenvermehrung schädlich.
Interessantes: Die Männchen schwärmen an warmen Juniabenden dicht über dem Boden und finden die auskriechenden Weibchen. Diese werden begattet, legen sofort im Boden ihre Eier ab und kriechen erneut hervor. Meist folgen kurz danach weitere Begattungen und Eiablagen.

Wissenschaftlicher Name: *Oryctes nasicornis*
Familie: Blatthornkäfer
Kennzeichen: 20 – 40 mm. Halsschild und Horn dunkel bis schwarz, Flügeldecken braun. Kopfhorn bei den Männchen gut ausgebildet, beim Weibchen viel kleiner; Halsschild hinten grubig vertieft.
Lebensraum: Eine wärmeliebende Waldart, die sich in Mitteleuropa an Stellen angepaßt hat, an denen verrottende Holzabfälle, Stroh und Kompost gelagert werden.
Lebensweise: Die engerlingsähnlichen Larven lebten ursprünglich wohl in faulendem Holz, heute haben sie sich hauptsächlich auf Komposthaufen umgestellt.
Interessantes: Die in den Komposthaufen herrschende Temperatur wirkt sich auf die Entwicklung der Larven günstig aus. Trotzdem kann sie bis zur Verpuppung fast 5 Jahre dauern. Im Darm der Larve sorgt eine reiche Bakterienflora für den Abbau von Zellulose. Die Käfer leben höchstens wenige Monate, fliegen im Juni und Juli in der Dämmerung und nachts. und lecken an ausfließenden Baumsäften.

Wissenschaftlicher Name: *Cetonia aurata*
Familie: Blatthornkäfer
Kennzeichen: 14–20 mm. Grün oder golden metallisch glänzend gefärbt; auch die weiße Zeichnung der Flügeldecken kann variieren.
Lebensraum: In Parks, Gärten und buschreicher Landschaft.
Lebensweise: Die Käfer fliegen von April bis September, vor allem in den warmen Mittagsstunden. Sie sitzen gerne auf Blüten, allerdings nicht nur auf Rosen. Sie ernähren sich von Pollen und Nektar und werden bisweilen durch Fraß der Staubgefäße von Rosen schädlich. Die Larven leben im Boden, meist in alten Baumstubben, wo sie sich von Mulm und abgestorbenen Wurzeln ernähren; sie richten aber keinen Schaden an. Die Verpuppung erfolgt in einem Kokon aus Lehm und Holzmasse.
Interessantes: Rosenkäfer können sehr schnell starten und sind gute Flieger, die beim Flug die Flügeldecken geschlossen halten. Ihre Flügeldecken sind am Rand seitlich ausgeschnitten, so daß sich die Hinterflügel ausfalten und bewegen lassen.

Wissenschaftlicher Name: *Ampedus aethiops*
Familie: Schnellkäfer
Kennzeichen: 9 – 11,5 mm. Schwarzer Käfer, mit dicht und grob punktiertem, matt erscheinendem Halsschild.
Lebensraum: Die Käfer und Larven leben in Nadelwäldern subalpin an Stubben von Nadelhölzern, an liegenden faulen Stämmen sowie auch im Wurzelbereich. Von Osteuropa über die Gebirge der nördlichen Balkanhalbinsel bis Frankreich verbreitet. Der Schnellkäfer kommt im gesamten Alpengebiet vor und ist in den höheren Lagen im Harz, Thüringer Wald und Schwarzwald nicht selten.
Lebensweise: Die Larven entwickeln sich räuberisch in totem Holz. Die Überwinterung erfolgt als Imago, die Käfer erscheinen von Ende Juni bis in den Sommer.
Interessantes: Schnellkäfer besitzen auf der Unterseite zwischen Vorder- und Mittelbrust einen Schnellmechanismus, der es den Tieren ermöglicht, sich aus der Rückenlage hochzuschnellen. Die Larven sind schlank und langgestreckt und als »Drahtwürmer« bekannt.

Kleiner Leuchtkäfer

Wissenschaftlicher Name: *Lamprohiza splendidula*
Familie: Leuchtkäfer
Kennzeichen: 8–10 mm. Der Kopf ist völlig unter dem Halsschild verborgen; die Männchen haben voll ausgebildete Flügel, die Weibchen sind flügellos, mit auffälligen, glasartigen Flecken am Vorderrand des Halsschildes.
Lebensraum: Auf Wiesen und Schuttflächen, an Waldrändern und Hecken.
Lebensweise: Die Männchen fliegen in warmen Juninächten als smaragdgrün leuchtende Pünktchen. Die Weibchen strahlen ihr Licht im Gras sitzend aus. Die Larven fressen Schnecken, die Käfer nehmen keine Nahrung zu sich.
Interessantes: Die Leuchtorgane befinden sich auf der Unterseite. Das Licht ist das Ergebnis eines biochemischen Prozesses, bei dem ohne Wärmeentwicklung die chemische Substanz *Luciferin* mit Hilfe des Enzyms *Luciferase* und Sauerstoff in den Leuchtstoff *Oxyluciferin* umgewandelt wird. Die Wellenlänge des ausgestrahlten »kalten« Lichtes ist artspezifisch und dient zur Anlockung der Männchen.

Gemeiner Weichkäfer

Wissenschaftlicher Name: *Cantharis fusca*
Familie: Weichkäfer
Kennzeichen: 11–15 mm. Vorderteil des Kopfes und Großteil des Halsschildes rot, Flügeldecken und Beine schwarz.
Lebensraum: Auf Blüten und Blättern in Wiesen, Flußauen, trockenen Waldrändern, Heidegebieten und Trockenhängen.
Lebensweise: Die Käfer treten schon im Frühsommer auf; die Paarung findet im Mai und Juni statt. 6 Larvenstadien sind bekannt.Die dicht samtig schwarz behaarten Larven kriechen am Boden umher und ernähren sich hauptsächlich von Schnecken, die mit einem Giftbiß getötet und danach verzehrt werden. Sie überwintern unter Steinen oder in Laub und Moos.
Interessantes: Einige Arten dieser Gattung weisen ebenfalls rote, schwarze, blaue oder gelbe Färbungsmuster auf und werden deshalb im Volksmund auch »Soldatenkäfer« genannt. Die Larven findet man häufig im zeitigen Frühjahr in großer Anzahl auf Schneeflächen, weshalb man sie »Schneewürmer« nennt.

Wollkrautblütenkäfer

Wissenschaftlicher Name: *Anthrenus verbasci*
Familie: Speckkäfer
Kennzeichen: 1,7–3,5 mm. Klein und rundlich, der Kopf meist von oben nicht sichtbar. Die Körperoberfläche ist mit verschiedenfarbigen Schuppen bedeckt.
Lebensraum: Sowohl im Freiland, als auch in Häusern.
Lebensweise: Die Käfer leben im Sommer vor allem auf Blüten, bevor sie im Herbst und Winter in den Häusern auftreten. Dort legen sie an geeigneter Larvennahrung ihre Eier ab. Die Larven fressen an allen tierischen Substanzen wie z. B. Wolle, bevorzugt werden aber tote Insekten.
Interessantes: Die kompakten Larven sind lang und dicht behaart. Die Haarbüschel aus Pfeilhaaren, deren Spitzen leicht abbrechen können, werden bei Störung gespreizt und bieten auf diese Weise Schutz gegen Feinde. Neben der Larve des Wollkrautblütenkäfers sind auch die Larven von Teppichkäfer (*A. scrophulariae*) und Museumskäfer (*A. museorum*) als Zerstörer von Insektensammlungen besonders gefürchtet.

Messingkäfer

Wissenschaftlicher Name: *Niptus hololeucus*
Familie: Diebskäfer
Kennzeichen: 2,5 – 4,5 mm. Auffallend ist die messingfarbene oder goldgelbe Behaarung und die am Ende keulig verdickten Schenkel. Der Halsschild ist gerundet, fast kugelig; die Augen sind klein.
Lebensraum: Oft in großen Mengen in Wohnungen und Lagerhäusern; inzwischen weltweit verbreitet, bei uns treten meist zwei Generationen pro Jahr auf.
Lebensweise: Die Verpuppung erfolgt oft in Höhlungen von morschem Holz. Die Larven fressen mit Vorliebe stärkehaltige Stoffe, sind also weitgehend auf Getreide, Getreideprodukte und deren Abfälle angewiesen.
Interessantes: Zu Massenvermehrungen kommt es allerdings nur in Gebäuden, wo Dreschabfälle als Isoliermaterial in Zwischenböden eingefüllt sind. Dort finden die Larven des Messingkäfers ideale Lebens- und Ernährungsbedingungen vor. Eine Bekämpfung hat nur dann Erfolg, wenn man den Brutherd findet und beseitigt.

Bienenwolf

Wissenschaftlicher Name: *Trichodes apiarius*
Familie: Buntkäfer
Kennzeichen: 9–16 mm. Die zwei Querbinden und der umfangreiche Spitzenfleck auf den roten Flügeldecken sind schwarz oder blauschwarz gefärbt.
Lebensraum: Tagaktive Art, die bevorzugt in Blumenwiesen gerne Blüten (vor allem Doldengewächse) besucht; allerdings nie in großer Anzahl.
Lebensweise: Die wärmeliebenden Käfer jagen auf den Blüten kleine Insekten. Die Larven leben räuberisch in den Nestern von Bienen, und zwar sowohl von solitär lebenden Wildbienen (*Osmia, Megachile*), als auch von der Honigbiene (*Apis mellifera*), wo sie Larven, Puppen und alte Tiere verzehren.
Interessantes: Allerdings kann der Bienenwolf nicht als schädlich für die Honigbiene gelten, da er nicht häufig ist, zum anderen wohl nur unsaubere Stöcke befällt. Dem Bienenwolf sehr ähnlich ist *T. alvearius*, bei dem aber das Flügeldeckenende orangerot gefärbt ist. In Deutschland vor allem nördlich der Donau.

Siebenpunkt-Marienkäfer

Wissenschaftlicher Name: *Coccinella septempunctata*
Familie: Marienkäfer
Kennzeichen: 5–8 mm. Wenig variable Art und anhand der Größe, Färbung und Zeichnung unverwechselbar: Sieben schwarze Punkte auf den orangeroten Flügeldecken.
Lebensraum: Überall häufig, auch in Häusern (z.B. an Blumentöpfen).
Lebensweise: Käfer und Larven sind dort zu finden, wo ihre Lieblingsnahrung - Blatt- und Schildläuse - vorkommt. Eine Larve kann in ihrem Leben über 600 Blattläuse verzehren. Die Marienkäfer sind also ausgesprochen nützliche Schädlingsvertilger.
Interessantes: Charakteristisch für Marienkäfer ist, daß sie sich bei Gefahr totstellen. Sie lassen sich fallen und rühren sich nicht mehr vom Fleck. Der gleiche Reflex findet statt, wenn man die Käfer in die Hand nimmt; fast immer geben die Käfer dabei auch noch eine gelbe Blutflüssigkeit ab, die aus feinen Poren an der Gelenkhaut zwischen Schenkel und Schiene austritt. Allerdings ist der Schutzwert begrenzt.

Mehlkäfer

Wissenschaftlicher Name: *Tenebrio molitor*
Familie: Schwarzkäfer
Kennzeichen: 12–18 mm. Der gestreckte, parallelseitige Käfer ist glänzend kastanienbraun bis schwarz gefärbt und fettglänzend. Die Flügeldecken weisen feine Punktstreifen auf.
Lebensraum: Sowohl im Freien als auch in menschlichen Behausungen weit verbreitet. Im Mulm alter Laubbäume, in Vogelnestern, vor allem aber als Kulturfolger in Vorratslagern mit Getreide, Getreide- und Mehlprodukten.
Lebensweise: Die Käfer sind hauptsächlich nachtaktiv. Die Weibchen werden durch Sexuallockstoffe angelockt.
Interessantes: Mehlkäfer können fliegen und abends, vom Licht angezogen, durch geöffnete Fenster in die Wohnungen gelangen. Dies ist im allgemeinen unbedenklich; wird allerdings starker Mehlkäfer-Befall beobachtet, so muß die Brutstätte (in den Vorräten) ausfindig gemacht werden. Die als »Mehlwürmer« bekannten Larven züchtet man in Zoohandlungen als Futter für Kleintiere und Vögel.

Alpenbock

Wissenschaftlicher Name: *Rosalia alpina*
Familie: Bockkäfer
Kennzeichen: 15 – 38 mm. Unverwechselbar wegen der hellblauen Behaarung und schwarzen Flügel- und Halsschildzeichnung. Fühler beim Männchen fast doppelt so lang wie beim Weibchen.
Lebensraum: In Laubmischwäldern im Gebirge. Bei uns nur noch in Bayern und Baden-Württemberg, vor allem an Buchenklaftern.
Lebensweise: Die tagaktiven Alpenböcke sonnen sich gerne an den Brutbäumen und auf geschlagenem Buchenholz. Dort werden auch die Eier abgelegt. Die zwischen weichem und hartem Holz lebende Larve braucht drei oder mehr Jahre, bis sie sich verpuppt.
Interessantes: Wie viele Insektenarten ist auch der seltene, unter Naturschutz stehende Alpenbock durch Verlust der geeigneten Biotope (alte, anbrüchige Bäume) bedroht. Das Stehenlassen von Buchenklaftern über mehrere Jahre könnte den lokalen Bestand des Alpenbocks (und anderer bedrohter Insektenarten) mittelfristig garantieren.

Moschusbock

Wissenschaftlicher Name: *Aromia moschata*
Familie: Bockkäfer
Kennzeichen: 13–34 mm. Die Färbung der metallisch glänzenden Flügeldecken ist sehr variabel und reicht von erzgrün über kupferfarben, blau, violett bis schwarz. In Südeuropa kommen sogar Tiere mit rotem Halsschild vor.
Lebensraum: Von Juni bis August auf Blüten und an Weiden; daher oft an Waldrändern und Bächen mit Weidenbeständen.
Lebensweise: Die holzfressenden Larven entwickeln sich in Weiden (v.a. Kopfweiden), seltener in Pappeln und Erlen, und brauchen mehrere Jahre bis zur Verpuppung. Die Käfer lecken Säfte von Weiden, Ahorn und Birken.
Interessantes: Der Name Moschusbock läßt sich auf Drüsen an der Hinterbrust zurückführen, die moschusartig riechende, aromatische Stoffe absondern. Diese Duftstoffe werden über die Futterpflanze aufgenommen und in den entsprechenden Duftdrüsen chemisch umgewandelt. Durch das Verschwinden alter Weiden geht der Bestand zurück.

Schneiderbock

Wissenschaftlicher Name: *Monochamus sartor*
Familie: Bockkäfer
Kennzeichen: 21–35 mm. Die vier in Mitteleuropa vorkommenden Arten dieser Gattung fallen durch ihre sehr langen Fühler auf, die bei den Männchen weit mehr als doppelte Körperlänge erreichen können. Beim Schneiderbock weisen die Flügeldecken im vorderen Drittel einen Quereindruck auf, das Schildchen ist dicht, gleichmäßig, gelblichweiß, kurz behaart.
Lebensraum: Bei uns kommt diese Art vor allem in Gebirgsgegenden vor, hauptsächlich in Nadelwäldern.
Lebensweise: Im Sommer nagt das Weibchen in das Holz von Nadelbäumen einen Eitrichter und legt dort jeweils ein Ei ab. Die Larve frißt unter der Rinde, später im Holz. Zur Verpuppung wandert sie in die Außenbereiche.
Interessantes: Bei Sonnenschein sind die Käfer recht flugaktiv, was bei der Größe und den nach vorne gestreckten, langen Fühlern sehr eindrucksvoll anzusehen ist. Sie sitzen gerne auf gefällten Stämmen.

Kleiner Eichenbock

Wissenschaftlicher Name: *Cerambyx scopolii*
Familie: Bockkäfer
Kennzeichen: 17–28 mm. Halsschild auf der Oberfläche stark gerunzelt, an den Seiten mit einem spitzen Dorn. Enden der Flügeldecken stumpf abgerundet.
Lebensraum: Die Käfer findet man von Mai bis Juli häufig auf blühenden Sträuchern (v. a. Doldenblütlern) und an Holz. In Laubmischwäldern und Obstanlagen sind sie nicht selten.
Lebensweise: Die Larve entwickelt sich im Holz verschiedener Laubbäume, auch in Obstbäumen (allerdings ohne große Schadwirkung). Anfangs leben die Larven unter der Rinde, später wandern sie tiefer ins Holz. Die Entwicklung dauert zwei Jahre. Die Käfer ernähren sich von Pollen und Nektar; gerne lecken sie auch den Saft von Laubbäumen.
Interessantes: Der von der Rinde ausgehende Larvengang wird mit einem Deckel verschlossen. Dies dient zum Schutz vor den vielen Feinden, u. a. Spechte, Schlupfwespen, Ameisen und räuberische Käferlarven.

Erdbock

Wissenschaftlicher Name: *Dorcadion arenarium*
Familie: Bockkäfer
Kennzeichen: 9–18 mm. Kompakte Körperform, Fühler kürzer als der Körper. Halsschild breiter als lang, an den Seiten mit spitzem Höcker. Oberseite fein, dicht und kurz behaart.
Lebensraum: Trockene Grassteppen, Halbtrockenrasen, Stellen mit spärlicher Vegetation.
Lebensweise: Larven und Käfer ernähren sich von Graswurzeln; manchmal gehen sie auch an Getreide. Die Eiablage findet an der Basis von Gräsern statt. Hier gräbt sich das Weibchen ein Stück kopfabwärts entlang der Pflanze ins Erdreich ein und nagt einen Spalt in die äußere Blattscheide. Darauf dreht es sich um 180°, schiebt die Legeröhre in den Spalt und legt ein Ei ab.
Interessantes: Der Verbreitungsschwerpunkt der artenreichen, flugunfähigen Erd- oder Grasböcke liegt in den trockenen Steppengebieten Südeuropas, Osteuropas und Kleinasiens. *D. arenarium* kommt bis Norditalien vor; ein Vorkommen in Mitteleuropa ist nicht auszuschließen.

Rainfarn-Blattkäfer

Wissenschaftlicher Name: *Galeruca tanaceti*
Familie: Blattkäfer
Kennzeichen: 6–11 mm. Stets schwarze Art mit leichtem Glanz. Flügeldecken mit breiter Seitenrinne. Die Vorderecken des Halsschilds sind stumpf oder verrundet.
Lebensraum: Der Rainfarn-Blattkäfer ist außer an Rainfarn auch an Schafgarbe und vielen anderen Pflanzen und oft in Massen zu finden. Von Juni bis September an sonnigen und trockenen Plätzen.
Lebensweise: Die Weibchen legen ihre Eier im Herbst in Form von Eiballen (20–30 Eier in Gruppen) auf Blüten, Stengeln und Blättern ab und überziehen sie mit einer hellen Sekretschicht, die an der Luft erhärtet. Auf diese Weise gut geschützt überstehen die Eier den Winter. Die im Frühjahr schlüpfenden Larven fressen an den verschiedensten Pflanzen und verpuppen sich in der Erde.
Interessantes: Bei Massenauftreten (z.B. in Holland) kann die Art Schäden an Kohlpflanzen, Bohnen, Dahlien und vielen anderen Kulturpflanzen anrichten.

Kartoffelkäfer

Wissenschaftlicher Name: *Leptinotarsa decemlineata*
Familie: Blattkäfer
Kennzeichen: 6–10 mm. Durch die gelbschwarze Längsstreifung unverwechselbar; ganz selten können allerdings vollkommen schwarze Tiere auftreten.
Lebensraum: Überall häufig an Kartoffeln, von April bis Oktober.
Lebensweise: Die Käfer verlassen im Frühsommer ihre Winterquartiere im Boden und fressen kurz an den austreibenden Kartoffelpflanzen. Nach der Begattung legt das Weibchen an die Unterseite der Blätter Eipakete von 20–30 Eiern ab, pro Jahr etwa 1200. Bereits nach einer Woche schlüpfen die Larven und fressen an den Blättern. Nach zwei bis vier Wochen verpuppen sich die Larven und nach weiteren drei Wochen erscheinen die Käfer.
Interessantes: Der aus den Rocky Mountains (Colorado) eingeschleppte Kartoffelkäfer verbreitete sich mit Einführen der Kartoffelpflanzen in ganz Europa. Der Schädling kann trotz großer Bemühungen nicht mehr ausgerottet werden.

Wissenschaftlicher Name: *Otiorrhynchus vehemens*
Familie: Rüsselkäfer
Kennzeichen: 12–18 mm. Oberseite schwarz glänzend, Flügeldecken deutlich punktiert gestreift, ihr Saum hell, etwas filzig behaart. Für die artenreiche Gattung der Dickmaul- oder Lappenrüßler ist der kurze, dicke, vorne beidseitig lappenförmig verbreiterte Rüssel charakteristisch. Die meisten Arten sind plump und relativ düster gefärbt, es gibt aber auch metallisch glänzende Vertreter mit hellen Schuppenflecken.
Lebensraum: Von Südtirol bis Oberitalien in Tallagen. Meist auf Sträuchern.
Lebensweise: Die Larven fressen an Wurzeln verschiedenster Pflanzen. Der Käfer schlüpft erst im kommenden Jahr. Einige Rüsselkäfer richten Schäden an Kulturpflanzen an.
Interessantes: Es gibt viele Arten mit parthenogenetischer Entwicklung (ein Ei entwickelt sich ohne vorherige Befruchtung durch eine männliche Samenzelle), d.h. Männchen sind überhaupt nicht bekannt oder treten nur in bestimmten Teilen des Verbreitungsgebietes auf.

Wissenschaftlicher Name: *Raphidia notata*
Ordnung: Netzflügler
Kennzeichen: 15 mm, Flügelspannweite 25–30 mm. Kopf und stark verlängerter Hals werden schräg nach oben gehalten (»Kamelhals«). Die vier durchsichtigen, netzartig geäderten Flügel liegen in Ruhestellung dachförmig über dem Hinterleib.
Lebensraum: In Laubmischwäldern, alten Nadelwäldern und an schattigen Lichtungen.
Lebensweise: Larven und Imagines ernähren sich räuberisch von verschiedenen Waldinsekten, u. a. von Forstschädlingen. Die Partnersuche findet im Sommer statt.
Interessantes: Die Weibchen äußern ihre Paarungsbereitschaft mit leicht abgespreizten Flügeln und dem etwas angehobenen Hinterleib. Das Männchen schiebt sich (mit dem Rücken nach unten) unter das Weibchen und verankert sich an dessen Geschlechtsöffnung mit seinem Geschlechtsapparat. Mit den Beinen findet es Halt am langen Legebohrer des Weibchens. Die Eier werden in Form von Haufen in Rindenritzen abgelegt.

Florfliege

Wissenschaftlicher Name: *Chrysopa* sp.
Ordnung: Netzflügler
Kennzeichen: 10 mm, Flügelspannweite bis 35 mm. Grün oder gelblich gefärbt, mit goldenen Augen (im Volksmund oft »Goldauge« genannt). Flügel reich geädert. Es kommen in Mitteleuropa mehrere sehr ähnliche Arten vor.
Lebensraum: In Gärten, Parks, Wälder und Siedlungen. Im Winter auch auf Dachböden.
Lebensweise: Florfliegen sind dämmerungs- und nachtaktiv, fliegen abends gerne ans Licht; tagsüber sind sie im Blattwerk versteckt. Imagines und Larven sind als eifrige Blattlaus-Vertilger ausgesprochen nützliche Insekten. Die Eier werden meist in Gruppen an Blättern abgelegt, sitzen auf einem Stiel (erstarrter Faden) und berühren sich gegenseitig nicht.
Interessantes: Manche Arten können sich über Ultraschall verständigen. Diese Ultraschalllaute werden durch Zuckungen und Vibrationen des Hinterleibes erzeugt, indem Borstenfelder an der Basis der Vorderflügel gegen ein Borstenfeld an der Hinterbrust reiben.

Wissenschaftlicher Name: *Ascalaphus libelluloides*
Ordnung: Netzflügler
Kennzeichen: 25 mm, Flügelspannweite bis 53 mm. Mit seinen langen, am Ende keulenförmig verdickten Fühlern und der gelbschwarzen Färbung erinnert er an einen Schmetterling, hat jedoch keine Schuppen, und die Flügel sind fein netzartig geädert.
Lebensraum: Eine wärmeliebende Art, die Lichtungen und sonnige Hänge mit spärlicher Vegetation bevorzugt.
Lebensweise: Die Imagines jagen im Flug andere Insekten. Die walzenförmigen, kurzbeinigen Larven besitzen sehr große und spitze Kieferzangen und ernähren sich räuberisch am Boden. Sie überwintern zweimal und verpuppen sich im Frühsommer. Dazu fertigt die Larve einen Gespinstkokon an, der an Pflanzen angeheftet wird. Kurz darauf schlüpft die Imago.
Interessantes: Nördlich der Alpen kommen nur wenige Arten der Schmetterlingshafte vor; meistens finden sie sich in sog. »Wärmeinseln«, wie z.B. dem Kaiserstuhl. Sie sind sehr selten und bei uns stark gefährdet.

Wissenschaftlicher Name: *Tenthredo zonula*
Ordnung: Hautflügler
Kennzeichen: 9–10 mm. Auffallend ist die »Wespenfärbung« des Körpers, Hinterleib und Beine sind gelb und schwarz geringelt. Im Gegensatz zu den Wespen setzt der Hinterleib in voller Breite an der Brust an. Blattwespen besitzen keinen Stachel.
Lebensraum: Ein häufiger Besucher von Doldenblüten.
Lebensweise: Die Larven ähneln den Raupen von Schmetterlingen und werden als *Afterraupen* bezeichnet. Im Gegensatz zu Schmetterlingsraupen besitzen sie jedoch mindestens 6 Paare von Bauchfüßen (Schmetterlingsraupen haben maximal 5 Paar), das erste Hinterleibssegment ist frei (bei Schmetterlingsraupen sind die beiden ersten Hinterleibssegmente frei von Bauchfüßen). Die Wirtspflanze der Larven ist das Johanniskraut (*Hypericum*).
Interessantes: Von der sehr artenreichen Familie der Blattwespen kommen in Mitteleuropa weit über 100 Arten vor; die Bestimmung ist deshalb meist sehr schwierig.

Wissenschaftlicher Name: *Chrysis* sp.
Ordnung: Hautflügler
Kennzeichen: 7–10 mm. In Mitteleuropa kommen etwa 60 sehr schwer bestimmbare Arten vor; meist mit glänzenden Metallfarben. Die Weibchen besitzen einen Giftstachel.
Lebensraum: Die wärme- und sonnenliebenden Arten halten sich gerne in der Nähe von Sandböschungen, Mauern, Lehmwänden und alten Pfosten auf.
Lebensweise: Die Imagines lecken gerne Nektar, auch den von Blattläusen ausgeschiedenen »Honigtau«; die Larven ernähren sich von tierischer Kost und schmarotzen im allgemeinen an den heranwachsenden Wirtslarven. Die meisten Goldwespen-Arten scheinen dabei wenig wirtsspezifisch zu sein.
Interessantes: Der Lebensraum wird unruhig hin- und herlaufend nach Nestern von solitären Bienen, Grab- und Faltenwespen abgesucht. Ist der Besitzer abwesend, legt die Goldwespe ihr Ei an das Ei des Nestbesitzers, an das eingetragene Futter oder irgendwo im Nest ab.

Wissenschaftlicher Name: *Scolia flavifrons*
Ordnung: Hautflügler
Kennzeichen: 25 – 40 mm. Schwarz, stark behaart, mit vier gelben Flecken (die zusammenfließen können) auf dem Hinterleib. Gehört zu den größten europäischen Hautflüglern.
Lebensraum: Die voll entwickelten Insekten findet man im Frühjahr oft auf Blüten; es werden gerne warme, sandige Gebiete mit altem Baumbestand besucht.
Lebensweise: In Mulm und Komposthaufen sucht das Weibchen nach Larven des Nashornkäfers. Es gräbt sich mit Kiefern und Vorderbeinen zum Engerling durch und lähmt ihn durch einen Stich mit dem Giftstachel. Die paralysierte Larve wird gereinigt, erst dann legt die Dolchwespe ein Ei an den Körper des Engerlings. Später bohrt sich die madenartige Dolchwespenlarve in den Körper des Engerlings ein und frißt ihn bis auf die Außenhülle auf.
Interessantes: Dolchwespen nehmen vom Menschen kaum Notiz, so daß im allgemeinen keine Gefahr besteht, von den Tieren gestochen zu werden.

Rote Waldameise

Wissenschaftlicher Name: *Formica rufa*
Ordnung: Hautflügler
Kennzeichen: 5–11 mm. Alle 200 europäischen Ameisenarten sind sehr schwer bestimmbar. So wird eine Reihe von Arten unter dem Begriff »Waldameisen« zusammengefaßt. Die Rote Waldameise besitzt einen geraden Kopf-Hinterrand. Geflügelte Ameisen sind Königinnen (bis zum Hochzeitsflug) oder Männchen.
Lebensraum: Laub und strukturreiche Nadelwälder.
Lebensweise: Ameisen sind staatenbildende Insekten mit einer oder mehreren Königinnen und bis zu einer Million Arbeiterinnen.
Interessantes: Während des Hochzeitsfluges wird die Königin befruchtet, verliert ihre Flügel und versucht eine neue Kolonie zu gründen. Das gelingt ihr am einfachsten, wenn sie in ein Nest der eigenen Art kommt, in dem keine andere Königin vorhanden ist. Manchmal dringt sie aber auch in das Nest einer »Sklavenameise« (andere Art) ein, tötet die Königin und wird als neue Königin angenommen.

Sandwespe

Wissenschaftlicher Name: *Ammophila sabulosa*
Ordnung: Hautflügler
Kennzeichen: 16–28 mm. Schlanke Grabwespe mit stielförmigem Hinterleib, der nach hinten verdickt ist. Das Ende des Stiels und der basale Teil des verdickten Hinterleibs sind rot gefärbt.
Lebensraum: Die wärmeliebende Art findet sich vor allem an sandigen Stellen.
Lebensweise: Sandwespen sind besonders während der heißen Stunden des Tages aktiv. Sie suchen nach Raupen von Schmetterlingen und Larven von Blattwespen, lähmen mit mehreren Stichen die Beute und bringen sie zum Nest. Schwere Beute wird geschleppt, kleinere Tiere werden im Flug transportiert.
Interessantes: Das Nest besteht aus einem einige Zentimeter tiefen Gang, an dessen Ende sich eine Brutkammer befindet. Die Beute wird rückwärts kriechend in den Gang hineingezogen, das Ei direkt an den Raupenkörper abgelegt. Jedes Weibchen legt etwa 10 Nester an, die nach der Eiablage sorgfältig verschlossen werden.

Wissenschaftlicher Name: *Dolichovespula media*
Ordnung: Hautflügler
Kennzeichen: 15 – 22 mm. Die Augen weit von der Basis der Oberkiefer (*Mandibeln*) entfernt, die Augeneinbuchtung ist komplett gelb gezeichnet.
Lebensraum: Lichtliebende Art, die ihr Nest freihängend auf Bäumen, Sträuchern, in Hecken oder Felsen baut.
Lebensweise: Die Arbeiterinnen fliegen ab Ende Mai bis fast Ende Oktober. Die jungen Königinnen verlassen das Nest nicht sofort, sondern helfen den Arbeiterinnen bei der Versorgung der Larven. Das Baumaterial für das Nest wird vorzugsweise von lebenden Pappeln bezogen. Das fertige Nest hat die Form einer Zitrone und enthält etwa 100 Zellen. Während der Larvenaufzucht vertilgen Wespen viele Insekten und Spinnen und sind deshalb im allgemeinen recht nützlich.
Interessantes: In den Giftdrüsen des Wehrstachels wird ein Stoff hergestellt, der bei Gefahr (Giftspritzen in Richtung des Störenfrieds) die Nestgenossinnen zum sofortigen Angriff alarmiert.

Hornisse

Wissenschaftlicher Name: *Vespa crabro*
Ordnung: Hautflügler
Kennzeichen: 18–35 mm. Durch Größe, Färbung und Zeichnung unverwechselbar. Die Zeichnung der Brust ist rotbraun.
Lebensraum: Laubmischwälder, Parks und Gärten.
Lebensweise: Die Nestgründung erfolgt durch die überwinterte, befruchtete Königin. Sie beginnt im Frühsommer mit dem Bau einiger Zellen als Grundlage für die erste Wabe. Bevorzugte Nistplätze sind hohle Bäume. In jede Zelle wird ein Ei gelegt. Etwa 4–5 Wochen später schlüpfen die ersten Arbeiterinnen. Diese bauen neue Waben und legen um das ganze Nest eine Schutzhülle an. Bis Ende September kann der Staat mehrere hundert bis tausend Tiere beinhalten. Hornissen jagen alle möglichen Insekten, zu 90% besteht ihre Nahrung jedoch aus Fliegen. Die erbeutete Nahrung wird in einem Kropf gesammelt.
Interessantes: Hornissen sind nicht aggressiv; ihr Stich ist schmerzhafter als ein Wespenstich, aber nicht giftiger.

Honigbiene

Wissenschaftlicher Name: *Apis mellifera*
Ordnung: Hautflügler
Kennzeichen: 12–20 mm. Gelbliche Behaarung besonders seitlich der Brust und an den Ringen des Hinterleibs. Zunge etwa so lang wie der Kopf.
Lebensraum: Parks, Gärten, Wiesen und Waldränder.
Lebensweise: Der Baustoff für das Nest ist nicht Holz, wie bei den Wespen, sondern Wachs, das die Arbeiterinnen in einem bestimmten Lebensabschnitt aus besonderen Drüsen am Hinterleib ausscheiden. Die Arbeiterinnen leben nur einige Wochen; während dieser Zeit haben sie ganz bestimmte Arbeiten zu verrichten. Die männlichen *Drohnen* treten nur kurze Zeit im Sommer zur Fortpflanzung auf; Ende Juli werden sie aus dem Stock vertrieben.
Interessantes: Der zur Verteidigung eingesetzte, mit Widerhaken versehene Giftstachel ist im Hinterleib nur durch schwache Muskeln verankert und bleibt beim Stich eines Warmblüters in dessen Haut stecken. Dies führt zum späteren Tod der Biene.

Wissenschaftlicher Name: *Bombus pascuorum*
Ordnung: Hautflügler
Kennzeichen: 14–22 mm. Die Brust ist oben gelbbraun behaart. Zweites und drittes Hinterleibssegment ganz oder teilweise schwarz.
Lebensraum: In Parks, Gärten, Wiesen, Feldern und Wäldern; an trockenen und feuchten Standorten. Kommt mit den verschiedensten Umweltbedingungen zurecht und ist daher in der Kulturlandschaft oft die häufigste Hummel-Art.
Lebensweise: Wie alle einheimischen Arten ist die Ackerhummel staatenbildend und lebt sozial in einer einjährigen Kolonie. Die Nester werden meist am Boden im Bewuchs angelegt, manchmal auch auf Dachböden, in Vogelnestern oder Baumstubben.
Interessantes: Abgesehen von der Honigbiene, gehen alle Staaten von Hummeln, Wespen und Wildbienen im Herbst zugrunde. Dies liegt an den Witterungsbedingungen, dem verringerten Futterangebot und der Tatsache, daß unsere einheimischen – im Gegensatz zu den tropischen – Arten keine Vorräte anlegen können.

Köcherfliege

Wissenschaftlicher Name: *Odontocerum albicorne*
Ordnung: Köcherfliegen
Kennzeichen: Flügelspannweite bis 40 mm. Vorder- und Hinterflügel gut ausgebildet. Fühler um die Hälfte länger als der Vorderflügel, innen schwach gesägt; das Basalglied länger als der Kopf. Die Flügel liegen in Ruhe dachförmig über dem Hinterleib.
Lebensraum: Die Imago bevorzugt buschreiches, feuchtes Gelände in Gewässernähe.
Lebensweise: Die mit büscheligen Kiemen versehene Larve steckt in einem hinten verjüngten Sandköcher und bewohnt Bäche aller Art. Der Köcher hüllt den Körper der Larve schützend ein; während des Wachstums wird er fortlaufend vergrößert. Diese Köcher der Larven sind artspezifisch und werden nicht nur aus verschiedensten Steinchen, sondern auch aus Holz- und Blattstückchen oder leeren Schneckengehäusen gebaut.
Interessantes: Viele Köcherfliegenarten stellen sehr hohe Ansprüche an die Wasserqualität und werden deshalb mit zunehmender Verschmutzung immer seltener.

Wissenschaftlicher Name: *Panorpa communis*
Ordnung: Schnabelhafte
Kennzeichen: 18–20 mm. Flügelspannweite 25–30 mm. Von den Skorpionsfliegen gibt es in Mitteleuropa 5 Arten, die sich durch den schnabelartig nach unten ausgezogenen Kopf auszeichnen. Das typische, skorpionsähnliche Begattungsorgan (*Gonopodium*) am Ende des Hinterleibs besitzen nur die Männchen.
Lebensraum: Im Unterholz von Bachrändern, in feuchten Laubmischwäldern, auch in Gärten und Parks.
Lebensweise: Die Männchen paaren sich im Laufe von 2–3 Wochen mehrmals mit verschiedenen Weibchen. Bei der Paarung umfaßt das Männchen mit dem Gonopodium den Hinterleib des Weibchens. Die raupenähnlichen Larven leben in Erdgängen und -höhlen, wo sie sich von verschiedensten pflanzlichen Stoffen, Kleintieren und insbesondere von toten Insekten ernähren.
Interessantes: Die Larven können sich mit 4 lappenartigen Gebilden am Hinterleibsende am Boden festheften und sich senkrecht aufrichten.

Gemeine Stechmücke

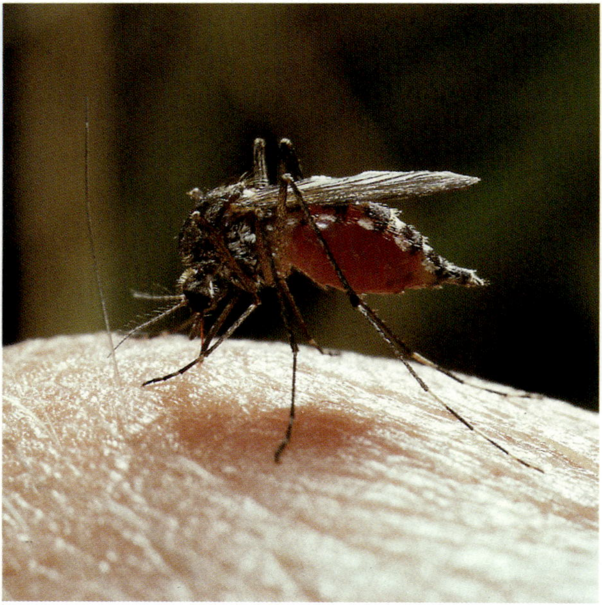

Wissenschaftlicher Name: *Culex pipiens*
Ordnung: Zweiflügler
Kennzeichen: 3,5 – 5 mm. Zarte, langbeinige, mit glasigen Flügeln versehene Mückenart. Dreilappiges Schildchen; die Taster der Weibchen sind sehr viel kürzer als der Rüssel; zwischen den Fußgliedern (*Tarsen*) befinden sich breite Haftlappen.
Lebensraum: Stehende Gewässer aller Art. Stechmücken kommen praktisch überall vor, sofern ein geeignetes Larvenbiotop (bereits eine Regentonne genügt) vorhanden ist.
Lebensweise: Die wasserlebenden Larven ernähren sich von kleinen Algen und winzigen Wassertieren; die männlichen Imagines saugen Pflanzensäfte, die Weibchen brauchen zur Eireifung eine Blutmahlzeit.
Interessantes: Beim 2 – 3 Minuten dauernden Blutsaugen kann das 2 fache des Körpergewichtes aufgenommen werden. Der bald nach dem Stich beginnende Juckreiz wird durch im Speichel enthaltene Histamine verursacht; der Speichel verhindert beim Saugen die Blutgerinnung.

Wissenschaftlicher Name: *Tipula sp.*
Ordnung: Zweiflügler
Kennzeichen: 15–30 mm. Mittelgroße bis große Mücken mit auffallend langen Beinen und vorgezogener Mundpartie. Gut ausgebildetes Vorderflügelpaar; die Hinterflügel sind zu deutlich sichtbaren Schwingkölbchen (*Halteren*) reduziert.
Lebensraum: Wiesen, feuchte Täler, Waldlichtungen, Gärten und Parks.
Lebensweise: Schnaken sind nichtstechende Mücken und können mit ihren Mundwerkzeugen nur Wasser oder offene Pflanzensäfte saugen. Ihre Larven leben im Boden, wo sie sich von verschiedensten Pflanzenteilen, v. a. Wurzeln ernähren und dadurch bei Massenvorkommen schädlich werden.
Interessantes: Die schmutziggraubraunen Larven sind walzenförmig und besitzen keine Füßchen. Ihr Hinterende ist oft durch lange Fortsätze charakterisiert; in typischer Form sitzen die beiden runden Atemöffnungen (*Stigmen*) in diesem Stigmenfeld, das auch als »Teufelsfratze« bezeichnet wird.

Große Schwebfliege

Wissenschaftlicher Name: *Syrphus ribesii*
Ordnung: Zweiflügler
Kennzeichen: 9–13 mm. Gelbschwarz gebänderter Hinterleib. Stirn rötlichgelb, in der Mitte schwarz; Fühler vorne braun, Gesicht gelb.
Lebensraum: In Wäldern, Wiesen und Feldern eine der häufigsten Schwebfliegen.
Lebensweise: Die Flugzeit dauert von April bis September; alle möglichen blühenden Sträucher und Blumen werden besucht, bevorzugt Hahnenfußgewächse und Doldenblüten. Die Larven ernähren sich räuberisch von Blattläusen; die Imagines saugen Nektar.
Interessantes: Je nach den klimatischen Bedingungen können zwei bis drei Generationen ausgebildet werden. Die gelbschwarze (wespenähnliche) Färbung ist eine Schutzfärbung, die allerdings nicht alle natürlichen Feinde abschreckt. Schwebfliegen sind perfekte Flieger und beherrschen den Schwirrflug, der ihnen einen blitzschnellen Ortswechsel bei hoher Beschleunigung erlaubt (Schlagfrequenz ca. 300 Hz; 14fache Erdbeschleunigung).

Rinderbremse

Wissenschaftlicher Name: *Tabanus bovinus*
Ordnung: Zweiflügler
Kennzeichen: 18 – 25 mm. Körper kräftig, Brust mit Längsstreifen; die Seiten des Hinterleibes sind intensiv rötlich gefärbt. Eine Unterscheidung der etwa 40 *Tabanus*-Arten ist allerdings nicht einfach. Gemeinsam ist ihnen der sehr breite Kopf, die endspornlosen Hinterbeine und die schwach dachförmige Flügelhaltung in Ruhestellung.
Lebensraum: Nahezu immer auf Viehweiden in Gewässernähe, an Waldrändern.

Lebensweise: Wie bei den Stechmücken brauchen die Weibchen für die Eientwicklung eine Blutnahrung, die blütenbesuchenden Männchen sind Nektarsauger.
Interessantes: Rinderbremsen sind geschickte Flieger; ihr Stich erfolgt schnell und wirksam, indem sie ihre messerscharfen Mundwerkzeuge in die Haut von Rindern und Pferden rammen. Bis zu 1 cm^3 Blut wird auf diese Weise aus der großen Stichwunde abgezapft, die durch blutgerinnungshemmende Stoffe oft noch lange nachblutet.

Wissenschaftlicher Name: *Machimus* sp.
Ordnung: Zweiflügler
Kennzeichen: 10–18 mm. Fühler mit langer Endborste; Hinterleibssegmente mit kräftigen Borsten vor dem Hinterrand. Kopf ohne stark gebogene Borsten.
Lebensraum: An Waldrändern, auf Waldwegen und sonnigen Lichtungen.
Lebensweise: Raubfliegen machen an sonnigen Tagen Jagd auf andere Zweiflügler (im Bild: Stilettfliege), Hautflügler, aber auch Käfer, Wanzen und Zikaden. Die Beute wird, oft von einer erhöhten Warte aus, im Stoßflug mit den Vorderbeinen ergriffen. Die Paarung erfolgt im Flug oder am Boden. Die Eiablage ist ebenfalls sehr verschiedenartig, z. B. Fallenlassen im Flug, Eingraben im Sand, Ablegen an Moos, Ähren, in Holz und Rindenritzen oder hinter die Blattscheiden von Gräsern.
Interessantes: Der speziell ausgebildete Stechrüssel kann auch feste und dicke Chitinpanzer durchstoßen. Mit dem Speichel wird ein Gift abgegeben, welches das Beutetier lähmt.

Stubenfliege

Wissenschaftlicher Name: *Musca domestica*
Ordnung: Zweiflügler
Kennzeichen: 7–9 mm. Kein Stechapparat; Augen beim Männchen aneinanderstoßend, beim Weibchen nicht.
Lebensraum: Gebäude, Gärten, freie Flur.
Lebensweise: Die Larven (Maden) entwickeln sich in allen möglichen verwesenden Stoffen, in Exkrementen von Haustieren und in Müllkippen. Sie verpuppen sich in den tönnchenförmigen Hüllen ihrer letzten Larvenhaut. Bis zu 5 Generationen (in Ställen 10–15) können sich innerhalb eines Jahres entwickeln.
Interessantes: In einem Kilogramm Schweinemist können sich bis zu 15 000 Larven entwickeln. Stubenfliegen spielen eine wesentliche Rolle bei der Übertragung von Krankheitskeimen. Zuvor an Exkrementen, verfaulenden Stoffen, Lebensmittelabfällen und anderen Infektionsherden aufgenommene Keime gelangen leicht auf den Menschen oder dessen Nahrungsmittel. Mikroben können an der gesamten Körperoberfläche der Fliege sitzen (z. T. mehrere Millionen).

Katzenfloh

Wissenschaftlicher Name: *Ctenocephalides felis*
Ordnung: Flöhe
Kennzeichen: 1,5 – 3,2 mm. Kopf von der Seite gesehen doppelt so lang wie hoch. Der erste Zahn des Kopfkammes ist fast so lang wie der zweite; beim Hundefloh (*C. canis*) nicht ganz halb so lang; Kopf hochrückiger.
Lebensraum: Flöhe sind schmarotzende Blutsauger; Hauptwirt des Katzenflohs ist die Hauskatze, Nebenwirte sind Hund, Ratten, Mäuse und Kaninchen. Die Wirtsspezifität bezieht sich allerdings mehr auf den Lebensraum der Larve, d. h. die Nester der entsprechenden Wirte.
Lebensweise: Die Larven des Katzenflohs ernähren sich ausschließlich vom bluthaltigen Kot ihrer Eltern. Die Puppenruhe (in einem Kokon) dauert etwa 4 Tage.
Interessantes: Katzen- und Hundefloh sind Überträger des Gurkenkern-Bandwurms (*Dipylidium caninum*). Dabei nimmt die Flohlarve die Bandwurmeier auf; die Finne findet sich im Floh und wird vom Hund beim Nagen an der Bißstelle verschluckt.

Kleine Insektenkunde

Insekten besiedeln, abgesehen von der Freiwasserzone der Meere, praktisch jeden Lebensraum unserer Erde. Diese erfolgreichen Besiedelungsstrategien äußern sich in einer riesigen Formenvielfalt, welche dem Wissenschaftler die Grundlage zur Einteilung in über 30 verschiedene Ordnungen bietet. Trotz der unterschiedlichen Äußerlichkeiten liegt dieser Tierklasse ein einheitlicher Bauplan zugrunde, der im wesentlichen auf der Dreigliederung des Insektenkörpers in **Kopf**, **Brust** und **Hinterleib** basiert. Daneben treffen natürlich auch alle Merkmale des Tierstammes **Gliederfüßer** (*Arthropoda*), dem die Insekten angehören, auf diese Klasse zu: gegliederte Extremitäten (Beine, Fühler, Mundwerkzeuge), ein panzerartiges Außenskelett aus *Chitin* und hochentwickelte Sinnesorgane (Komplex- oder Facettenaugen).

Der **Kopf** (*Caput*) ist der kleinste der drei Körperabschnitte der Insekten. Er trägt die Mundwerkzeuge, die Fühler (1 Paar) und die Augen. Kopfhaltung und Stellung der Mundwerkzeuge sind entweder nach vorne (*prognath*), gerade nach unten (*orthognath*) oder nach unten und hinten (*hypognath*) gerichtet. Der ursprünglichste Typ sind die kauend-beißenden (z. B. Käfer) Mundwerkzeuge, von denen sich saugende (z. B. Schmetterlinge), stechend-saugende (z. B. Wanzen, Mücken, Flöhe) und leckend-saugende (z. B. Fliegen) ableiten lassen. Die Fühler sind in Form, Länge und Gliederzahl sehr verschieden und bieten oft wichtige Unterscheidungsmerkmale für Arten und Geschlechter. Die Komplex- oder Facettenaugen setzen sich aus vielen kleinen Sehkeilen (*Ommatidien*) zusammen, die ein mosaik- oder rasterartiges Gesamtbild liefern.

Die **Brust** (*Thorax*) ist für die Motorik zuständig. Sie besteht aus 3 Segmenten; an jedem Segment sitzt ein Beinpaar (daher auch der Name *Hexapoda*/»Sechsbeiner« für die Insekten) und beim geflügelten Insekt am mittleren und hinteren Brustsegment je ein Flügelpaar. Das Laufbein ist der Grundtyp der Gliedmaßen. Es setzt mit der Hüfte am Körper an; auf einen kleinen Schenkelring folgt der Schenkel; an diesem sitzt die lange, dünne Schiene, gefolgt vom ein- bis fünfgliedrigen Fuß. Entsprechend der Lebensweise gibt es viele Spezialbildungen (siehe Zeichnung vordere Umschlaginnenseite). Neben den primär flügellosen Insekten (Urinsekten) gibt es auch innerhalb der geflügelten Insekten eine Reihe von Arten, Familien und sogar Ordnungen, die keine Flügel haben (z. B. Läuse, Flöhe). Diese Flügellosigkeit ist allerdings sekundär. Bei

den Zweiflüglern (*Diptera*) ist nur das 1. Flügelpaar ausgebildet, das ursprünglich vorhandene 2. Flügelpaar wurde zu sog. **Schwingkölbchen** (*Halteren*) reduziert.
Der **Hinterleib** (*Abdomen*) ist ohne Gliedmaßen, kann aber Anhänge (Schwanzfäden) tragen. Im Hinterleib befinden sich die Geschlechtsorgane, welche erst nach dem Abschluß der Larvalentwicklung funktionsfähig werden. Insekten sind meist getrenntgeschlechtlich, was man bei den Vollinsekten oft schon an äußeren Körpermerkmalen (Größe, Form, Farbe) erkennen kann. Ebenso befindet sich ein Großteil des Verdauungssystems und das Blutsystem im Hinterleib. Beim Blutsystem handelt es sich um einen offenen Kreislauf, d. h., von einem im Rücken liegenden Schlauchherz wird das Blut frei in die Hohlräume des Körperinneren gepumpt. Beim anschließenden Erschlaffen weitet sich das Herzlumen und saugt über schlitzförmige, seitlich gelegene Öffnungen (*Ostien*) das Blut aus der Leibeshöhle an. So können alle Körperteile mit Nährstoffen versorgt sowie Exkrete und Kohlendioxid abtransportiert werden.
Für den Gasaustausch sorgt ein offenes Tracheensystem. Diese röhrenförmigen Tracheen durchziehen den gesamten Körper, sind vielfältig miteinander verbunden und öffnen sich nach außen über sogenannte *Stigmen*. Sie sind sehr unterschiedlich gebaut, oft eingesenkt und besitzen reusenartige Gitter oder Membranen, um das Eindringen von Fremdkörpern (z. B. Staub, Pilze) zu verhindern. Die Stigmen können vielfach auch aktiv reguliert und ganz verschlossen (z. B. Wasserinsekten) werden.
Die Entwicklung der Insekten vom Ei bis zur Imago (Geschlechtstier) läuft über eine Verwandlung (*Metamorphose*), und man kann zwei Haupt-Entwicklungsgänge unterscheiden: Bei der **hemimetabolen Metamorphose** werden die Larven über mehrere Stadien dem Geschlechtstier immer ähnlicher; je älter die Larve ist, desto ähnlicher wird sie der Imago. Die **holometabole Metamorphose** unterscheidet sich durch das Vorhandensein einer *Puppe*, eines echten Ruhestadiums, in dem die vollständige Verwandlung zur Imago stattfindet. Die einzelnen Stadien Larve, Puppe und Imago ähneln sich nicht (siehe Zeichnung Seite 1). Viele Larven haben gemäß ihrer Lebensweise (z. B. im Wasser) sehr typische Formen und lassen sich so von Vertretern anderer Ordnungen gut unterscheiden. Die Larve ist das eigentliche »Wachstumsstadium« der Insekten; durch Häutungen paßt sie sich an die zunehmende Körpergröße an. Das fertige, geschlechtsreife Insekt (Imago) wächst nicht mehr.

Insekten-Register

Autor
Dr. rer. nat. Roland Gerstmeier, Zoologe mit Schwerpunkt Entomologie und Ökologie, ist Dozent an der landwirtschaftlichen Fakultät der TU München/Weihenstephan und Verfasser verschiedener Tiersachbücher.

Redaktion und Herstellung: Verlagsbüro Kopp
Zeichnungen: Christine Mills
Produktion: Helmut Giersberg
Repro: Penta Repro
Satz: Filmsatz Schröter
Druck: Ludwig Auer GmbH

ISBN 3-7742-2885-X

Auflage 4. 3. 2. 1.
Jahr 99 98 97 96

Die Fotografen: Angermayer/Pfletschinger: U1, 8, 35, 56, 57, 62, 64, 66, 70, 71, U4; Bellmann: 6, 9, 14, 21, 30, 41, 44, 63; Hagemann: 65; Limbrunner: 67, 69, 73; Silvestris: 2/3, 46, 48 (Wothe), 5 (Rolfes), 17, 18 (Pelka), 19 (Rohdich) 22 (Bruckner), 54 (Bühler), 58 (de Cuveland), 75 (Kapp); Zepf: 24, 38, 60; alle übrigen M. Müller.

Larventypen

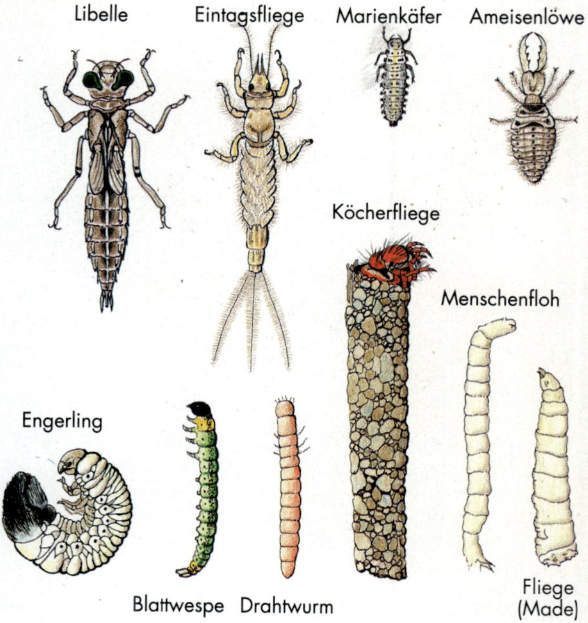

Hemimetabole Entwicklung
(Heuschrecke)

Holometabole Entwicklung
(Marienkäfer)